Anne Jenisca Hilsenah
Daurelis Bothel

Acesso a terras agrícolas e pecuárias em Diego-Suarez

Anne Jenisca Hilsenah
Daurelis Bothel

Acesso a terras agrícolas e pecuárias em Diego-Suarez

Procedimentos administrativos e condições a respeitar

ScienciaScripts

Imprint

Cover image: www.ingimage.com

This book is a translation from the original published under ISBN 978-620-3-41670-1.

Publisher:
Sciencia Scripts
is a trademark of
Dodo Books Indian Ocean Ltd. and OmniScriptum S.R.L publishing group

120 High Road, East Finchley, London, N2 9ED, United Kingdom
Str. Armeneasca 28/1, office 1, Chisinau MD-2012, Republic of Moldova, Europe
Managing Directors: Ieva Konstantinova, Victoria Ursu
info@omniscriptum.com

Printed at: see last page
ISBN: 978-620-8-56101-7

Título : Acesso às terras agrícolas e pecuárias em Diego-Suarez

Subtítulo: Procedimentos e condições administrativas

Respeito

HILSENAH Anne Jenisca, BOTHEL Daurelis

RESUMO

A propriedade da terra é um pilar essencial do desenvolvimento. Em Madagáscar, a terra é um símbolo de riqueza e de segurança, o que faz com que o controlo da terra seja uma questão importante. O acesso à terra, indispensável à sobrevivência e ao bem-estar, continua a ser um desafio, nomeadamente em zonas estratégicas como Diégo-Suarez. Este trabalho tem como objctivo regulamentar a utilização da terra, nomeadamente privada, de forma a equilibrar os interesses privados, públicos e ambientais. Entrevistas com as colectividades locais, nomeadamente a comuna urbana de Diégo-Suarez e o gabinete regional de planeamento DIANA, permitiram analisar as condições de acesso ao solo. O objetivo era fazer um inventário dos procedimentos administrativos para a aquisição de terrenos privados e públicos do Estado, de grandes superfícies (mais de 250 ha) e de procedimentos específicos para as actividades mineiras ou de construção.

Palavras-chave: Domínio privado do Estado, domínio público, acesso à terra, procedimento administrativo, Diégo-Suarez

AGRADECIMENTOS

Gostaríamos de expressar a nossa gratidão ao gabinete de planeamento regional Diego-Suarez e ao pessoal docente do Institut Universitaire des Sciences de l'Environnement et de la Société (IUSES) da Universidade de Antsiranana.

Gostaríamos também de agradecer às seguintes pessoas:

- A Sra. RABEMIARISOA Olivia Dany, Inspectrice des Domaines, pela sua ajuda e conselhos preciosos;
- O Diretor da Comuna Urbana de Diego-Suarez, pelo seu apoio e colaboração durante este estudo.

CV

- HILSENAH Anne Jenisca, Estudante no Instituto Universitário de Ciências do Ambiente e da Sociedade (IUSES), **especialização:** Ciências do Vivente da Terra e da Sociedade (SVTS), **curso:** Ciências Humanas e da Terra (SHT), Universidade de Antsiranana (Madagáscar)

-BOTHEL Daurelis, Doutoramento em Ciências e Tecnologias, **especialização em** biodiversidade e conservação do ambiente, Universidade de Antsiranana (Madagáscar)

Índice

1. INTRODUÇÃO

À escala global, estima-se que existam cerca de 5 mil milhões de hectares de terras agrícolas, o que representa 38% da superfície terrestre mundial. Destas terras, cerca de 1,5 mil milhões de hectares estão potencialmente disponíveis. No entanto, o seu desenvolvimento é limitado por factores ambientais, económicos e políticos. A criação de gado, que ocupa principalmente terras não cultiváveis, como prados, montanhas, estepes e savanas, representa cerca de 3,5 mil milhões de hectares e 40% da produção agrícola mundial. O sector fornece alimentos e rendimentos a cerca de mil milhões de pessoas em todo o mundo (FAO, 2015).

África tem uma parte crucial da segurança alimentar mundial, com quase 600 milhões de hectares de terras não cultivadas, ou seja, 60% do total mundial (MERLET, 2013). Desde a independência, as questões da terra tornaram-se cruciais em muitos países africanos. A terra está na intersecção de múltiplas questões, e numerosos estudos demonstraram que o direito à terra pode ser um instrumento de desenvolvimento. A importância e as dificuldades associadas à propriedade da terra nos países do Sul já não são contestadas (MALALA, 2014).

Madagáscar, a quarta maior ilha do mundo, dedica uma grande parte do seu território à agricultura, graças aos seus abundantes recursos hídricos. Mais de metade da sua população vive em zonas rurais (PERRINE, 2022). A agricultura e a pecuária desempenham um papel importante, tanto em termos humanos como económicos. O país tem cerca de 36 milhões de hectares de terras aráveis, dos quais apenas 3 milhões, ou seja, menos de 10%, são cultivados. Dispõe igualmente de 1,5 milhões de hectares disponíveis para irrigação, dos quais 1,1 milhões estão equipados (FAOSTAT, 2009).

O controlo fundiário é um dos principais desafios de desenvolvimento em Madagáscar. A regulamentação da propriedade fundiária é um elo essencial da cadeia de desenvolvimento, nomeadamente num país predominantemente agrícola onde a população está fortemente ligada à gestão da terra (EDDY, 2018). Em

Madagáscar, a propriedade da terra é considerada um fator determinante da riqueza, o que confere à terra uma grande importância para os malgaxes (MINOHERILALA, 2022).

É neste contexto que o nosso tema se intitula "**procedimentos administrativos e condições de acesso às terras para actividades agrícolas e pecuárias: o caso do município urbano de Diego Suarez**". O objetivo da análise deste tema é compreender melhor as condições a cumprir e o procedimento a seguir para ter acesso aos terrenos do Estado. Este trabalho procura responder às seguintes questões:

- Como é que se tem acesso à terra em Madagáscar?
- De que forma e em que condições pode a população da Comunidade Urbana de Diégo-Suarez ter acesso aos terrenos do Estado?

O objetivo geral é regulamentar a utilização de terrenos privados e públicos para garantir um equilíbrio entre os interesses privados, públicos e ambientais. Os objectivos específicos incluem:

- Explorar os procedimentos administrativos para a obtenção de títulos de propriedade de terrenos privados e públicos;
- Identificar os métodos e as condições adequadas para o acesso às terras do Estado para actividades agro-ecológicas.

As questões de investigação são as seguintes Quais são os documentos necessários para solicitar o acesso aos terrenos do Estado? Quais são as condições necessárias para obter um terreno do Estado? Onde deve ser apresentado o pedido?

A hipótese formulada é que o acesso às terras do Estado em Diégo Suarez é dificultado por procedimentos administrativos complicados e por litígios fundiários, que impedem o desenvolvimento económico. Uma reforma dos procedimentos e um melhor enquadramento jurídico poderiam facilitar o acesso à terra e promover um desenvolvimento sustentável e inclusivo.

Para responder a estas questões, a primeira parte do presente documento fornecerá algumas informações de carácter geral. Em seguida, na segunda parte, descreveremos os materiais e os métodos utilizados. Na terceira parte, analisaremos os resultados obtidos e discuti-los-emos. Por fim, apresentamos uma conclusão.

2. GERAL

2.1 A SITUAÇÃO ACTUAL E O ACESSO À TERRA EM MADAGÁSCAR

2.1.1 Situação fundiária

2.1.1.1 Quadro jurídico

A Lei-quadro n°2005-019 de 17 de outubro de 2005 estabelece os princípios que regem o estatuto da terra em Madagáscar (**Fonte**: www.observation.foncier.com). Os terrenos da República de Madagáscar são repartidos da seguinte forma, de acordo com as condições estabelecidas por esta lei:

2.1.1.2 Terrenos do Estado

Estes terrenos dividem-se em duas categorias: o domínio público e o domínio privado do Estado.

- **Domínio público (DP)**

O DP é constituído por todos os bens naturais ou artificiais cuja proteção e gestão são da responsabilidade do Estado ou de uma autoridade descentralizada, no interesse coletivo. O DP é inalienável, impenhorável e imprescritível. Inclui elementos como estradas, lagos, rios, praias, portos marítimos e caminhos-de-ferro. Este domínio é regido **pela Lei 2008-013 de 23 de julho de 2008 e pelo seu decreto de aplicação n.º 2008-1141 de 1 de dezembro de 2008** (MINOHERILALA, 2018).

- **Património privado do Estado (DPE)**

A ECD, quer se trate de bens imóveis ou de bens móveis, abrange todos os bens e direitos susceptíveis de serem propriedade privada em virtude da sua natureza ou finalidade. É regida pela **lei n.º 2008-014 de 23 de julho de 2008** e pelo **decreto de aplicação n.º 2010-233 de 20 de abril de 2010**. O património privado do Estado divide-se em duas partes, nomeadamente o património privado do Estado com título e o património privado do Estado sem título e sem urbanização (Fonte:

Inspetor do património: RABEMIARISOA Olivia Dany, 2024).

✓ **Domínio privado do Estado Titulado**

Existem dois tipos de propriedade estatal titulada: a propriedade privada titulada que é afetada e a propriedade privada titulada que não é afetada. Os bens privados com restrições do Estado são intocáveis, ao passo que os bens privados sem restrições do Estado podem ser adquiridos por qualquer pessoa singular ou colectiva através de compra, concessão gratuita ou onerosa, simples arrendamento ou concessão de direitos de colheita ou de exploração.

✓ **Propriedade privada do Estado sem título e sem desenvolvimento**

Este tipo de terreno não é urbanizado de forma alguma e o pedido de aquisição pode ser feito junto do registo predial.

2.1.1.3Terrenos privados

As terras privadas são constituídas por propriedades privadas com e sem título.

❖ **Propriedade privada titulada (PPT) ou cadastros**

As propriedades privadas tituladas são regidas pela Portaria n.º 60-146, de 3 de outubro de 1960, relativa ao sistema de registo predial e pelo Decreto n.º 60529, de 3 de outubro de 1960, que regulamenta a aplicação desta portaria.

❖ **Propriedade privada sem título com desenvolvimento ou PPNT**

A propriedade privada sem título é regulada pela **Lei n.º 2006-031, de 24 de novembro de 2006, que estabelece o regime jurídico da propriedade privada sem título, e pelo Decreto n.º 2007-1109, que implementa esta lei**. Este tipo de propriedade aplica-se a todos os terrenos urbanos e rurais ocupados mas não inscritos no registo predial, que não integrem o domínio público ou privado do Estado ou de uma autarquia descentralizada e que não se localizem numa zona sujeita a um estatuto especial.

2.1.1.4Terras com estatuto especial

Estas terras estão sujeitas a um regime jurídico de proteção específico, como as reservas naturais, as zonas económicas especiais e as zonas de investimento agrícola.

A Commune Urbaine de Diégo Suarez é uma coletividade territorial descentralizada. "Estas colectividades territoriais descentralizadas são pessoas colectivas de direito público dotadas de autonomia financeira e administrativa. São livremente administradas pelas câmaras municipais, nos termos e condições previstos na lei e nos regulamentos em vigor. Por conseguinte, reúne todos os serviços descentralizados do Estado a nível regional.

Enquanto for uma coletividade territorial descentralizada, a comuna depende estruturalmente do Ministério do Interior e hierarquicamente do Ministério da Descentralização. Inclui os bairros cujo limite territorial coincide com o da antiga subprefeitura (no caso da coletividade territorial). É uma autoridade pública com uma missão essencialmente económica e social. Dirige, estimula, coordena e harmoniza o desenvolvimento económico e social do conjunto da sua jurisdição territorial. Como tal, é responsável pelo planeamento, pelo compromisso do território e pela execução de todas as acções de desenvolvimento (TANDRA, 2016).

2.1.2 Informações gerais sobre o acesso à terra e organigrama do pessoal do cirdoma Diego-I

2.1.2.1Informações gerais sobre o acesso à terra

O acesso à terra, embora teoricamente garantido por um quadro jurídico, continua a ser difícil para muitas pessoas, devido a medidas suspensas ou ineficazes. O crédito agrícola organizado, embora prometedor, é raramente acessível devido à insolvência, o que obriga as pessoas a endividarem-se excessivamente. Os constrangimentos quotidianos, como a falta de factores de produção, o crédito acessível e a má distribuição das terras, agravam esta precariedade, ameaçando os agricultores com a perda das suas próprias terras. Além disso, a complexa interação entre o direito consuetudinário e o direito fundiário moderno aumenta a incerteza da situação (RAMAROLANTO, 1989).

2.1.2.2 Organigrama do pessoal do Diégo-I cirdoma

O pessoal do cirdoma Diégo-I inclui: dois (2) inspectores de património, um (1) contabilista, oito (8) escritores, um (1) arquivista e um (1) zelador.

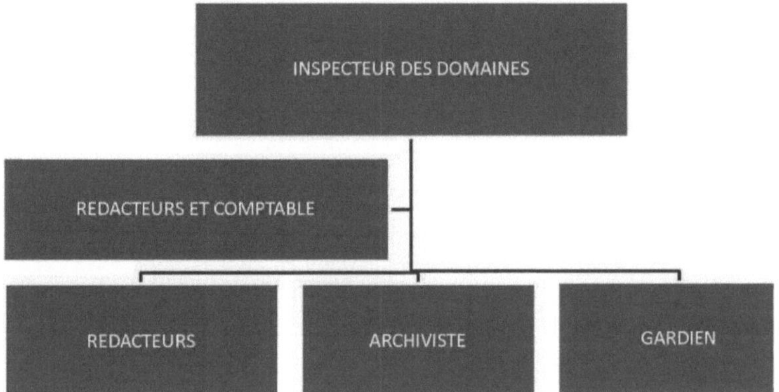

Figura 1: Organigrama do pessoal do cirdoma de Diégo-l, 2024

2.2. CARACTERÍSTICAS GEOGRÁFICAS E ECOLÓGICAS DA ZONA DE ESTUDO

2.2.1. Localização da área de estudo

A comuna urbana de Diégo Suarez, capital regional da DIANA, é uma cidade de comando económico e administrativo no extremo norte de Madagáscar. Reúne vários sectores de atividade regional, incluindo o turismo, e é uma importante cidade de acolhimento da região. Segundo as coordenadas GPS, o centro da cidade situa-se entre 12° 16'984 de latitude sul e 49° 17'384 de longitude leste.

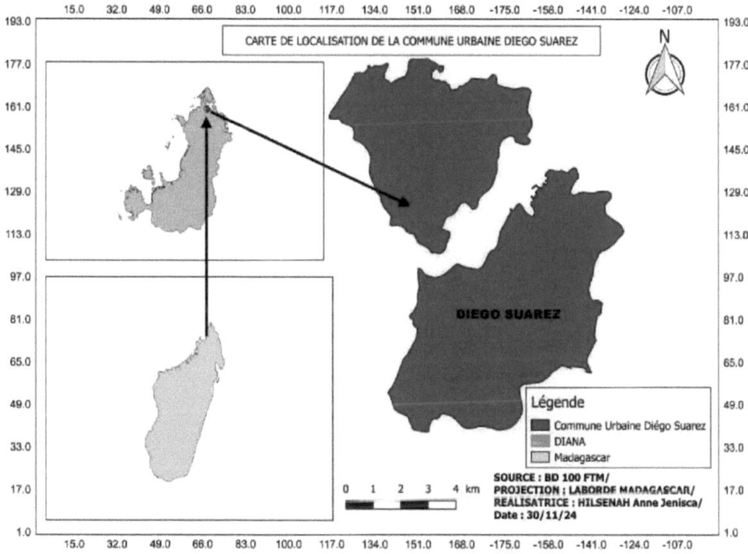

Figura 2: Mapa com a localização da área de estudo

2.2.2. Ambiente natural

2.2.2.1. Ambiente físico

A cidade de Antsiranana está situada no Cabo Amber (Tendron'i Bobaomby), no norte de Madagáscar. É limitada a oeste pelo Canal de Moçambique e a leste pelo Oceano Índico. A sua superfície estende-se por 47 km² e compreende 25 distritos.

❖ **Clima**

O clima em Antsiranana é tropical, alternando entre :

- Uma estação longa, fresca e seca (abril a novembro), marcada pelos ventos da varatraza;
- Uma estação quente e chuvosa, mais curta (dezembro a março),

influenciada pela monção.

Quadro 1: Variações de temperatura por mês, 2021

Mês	Mínimo (°C)	Máximo (°C)	Média (°C)
janeiro	23	28,6	25,2
fevereiro	23	28,5	25,1
março	22,2	28,8	25,4
abril	23	29	24,8
Mas	22,2	28,6	23,5
junho	20,8	27,4	22,7
julho	20	26,9	23,3
agosto	19,8	27	22,7
setembro	20,1	27,9	23,3
outubro	21	29,1	24,4
novembro	22,1	29,7	25,3
dezembro	22,9	29,6	25,6

Fonte : www.fr.Wikipedia.org/wiki/Antsiranana

❖ **Precipitação**

A precipitação anual é de cerca de 1.195 milímetros, com um máximo de 340 milímetros em janeiro, o mês mais chuvoso (Fonte: climat-Antsiranana (MADAGASCAR)).

❖ **Solo**

A diversidade dos solos da região está ligada às variações do clima e do relevo. As principais diferenças são :

❖ Solos avançados (lateríticos), ricos em alumina livre, presentes na parte média da região;

❖ Os solos vermelhos, derivados do basalto, não têm horizonte orgânico e caracterizam-se por uma tonalidade vermelho-escura ou vermelho-amarelada (SEGALEN, 1956).

❖ **Alívio**

O relevo é o conjunto das irregularidades do terreno na superfície da terra. A cidade está rodeada de colinas e montanhas, nomeadamente os maciços de âmbar a oeste, que são uma reserva natural. O relevo é também marcado por planícies costeiras e mangais, reunindo todas as irregularidades da superfície terrestre: montanhas, colinas, planaltos, planícies, etc. O estado do relevo depende de vários factores, entre os quais a natureza das rochas, o ambiente, o clima, o tipo de erosão e a sua duração.

O extremo norte é constituído por um relevo vulcânico do tipo basáltico fundido e por um relevo sedimentar. No que diz respeito ao relevo sedimentar, as rochas calcárias deram origem a formas de relevo bastante comparáveis às das rochas basálticas, uma vez que a zona calcária se encontra inteiramente sob um clima seco, com um relevo tabular caraterístico delimitado por escarpas. As colinas de arenito, por outro lado, foram severamente erodidas em todas as suas formas, como evidenciado pelas numerosas erosões. A cidade está rodeada de colinas e montanhas, nomeadamente o maciço de Ankarana, e o litoral é marcado por belas baías e praias. Esta diversidade geográfica influencia a economia local, nomeadamente a pesca e o turismo (BOTRA, 2022).

❖ **Hidrografia**

A maior parte dos rios nascem no maciço de Ambre, que culmina a 1400 m. Caracterizam-se por um caudal torrencial em altitude e tornam-se mais lentos à medida que se aproximam do mar. As planícies aluviais, de forma ovalada, albergam frequentemente mangais. Na península de Bobaomb, pouco há a dizer sobre os rios, que são muito curtos e praticamente secos na estação seca. O seu curso é geralmente este-oeste (SEGALEN, 1956).

2.1.2.3Ambiente biológico

- **Vegetação**

A vegetação de Diégo Suarez é influenciada pelo seu clima tropical. Ela inclui :

- Florestas tropicais;
- Os mangais ao longo da costa ;
- Savanas e zonas semi-áridas. Os parques circundantes, como o Parque Nacional de Ankarana, albergam uma biodiversidade única, com muitas espécies vegetais endémicas (Fonte: flora do norte de Madagáscar).
- **Fauna**

A fauna de Diégo-Suarez inclui uma grande variedade de espécies endémicas dos numerosos locais turísticos. Há lémures, mamíferos, como os morcegos, e aves, como os pombos e as aves de rapina. Fauna marinha, incluindo peixes tropicais e tartarugas marinhas.

2.2.3. População e actividades principais

2.2.3.1. População

Em 2005, o Distrito Urbano de Antsiranana tinha uma população de cerca de 135.228 habitantes, com uma taxa de crescimento demográfico anual de 3%. Os fluxos migratórios representam 20% da população total e os especialistas cerca de 2%. A densidade média é de 30 habitantes por hectare (AMBINIAINA, 2016).

2.2.3.2. Principais actividades

As principais actividades da região incluem

- Agricultura e pecuária ;
- Pesca e aquicultura ;
- Comércio e transportes.
- **História**

Diégo-Suarez era uma aldeia de uma dúzia de pescadores. No século XV, Diégo-Suarez foi descoberta por dois navegadores portugueses chamados Diégo Diaz que descobriu a grande ilha em 10 de agosto de 1500 e Fernando SUAREZ que foi o primeiro a descobrir o arrendamento em 1534, em fevereiro de 1506, o Almirante Herman Suarez reconheceu os lugares, e a cidade adquiriu assim o primeiro nome do capitão e o nome do almirante: DIEGO-SUAREZ.

A partir de 1885, a cidade de Diégo-Suarez ficou sob controlo francês e ganhou importância graças à Marinha francesa, que instalou um arsenal e vários quartéis. Quando os acordos militares expiraram, o porto foi transformado num estaleiro de construção e reparação naval, um dos maiores do Oceano Índico.

A Câmara Municipal de Diégo-Suarez foi construída e instalada em Diégo-Suarez em 1954-1962, durante o período colonial. O falecido SAUTRON foi o primeiro presidente da Câmara Municipal da cidade.

De 1960 a 1976, a cidade foi uma Commune Urbaine e, ao mesmo tempo, a capital da província de Antsiranana. Mas com a criação das autoridades descentralizadas, passou a ser uma Fivondronampokotany e a cidade passou a chamar-se Antsiranana I. Em 1995, a cidade voltou a ser a Commune Urbaine de Diégo-Suarez, em aplicação do decreto n.º 95381 de 26 de maio de 1995 (TANDRA, 2016).

3. MATERIAIS E MÉTODOS

3.1 EQUIPAMENTO

Os materiais utilizados para este estudo incluem :

- Um caderno para tomar notas;
- Canetas para registar informações;
- Folhas de inquérito para recolher informações sobre os procedimentos administrativos e as condições de acesso às terras
- Software GIS para produzir mapas;
- Acesso à Internet para livros e teses
- Um computador para processamento de dados

3.2 MÉTODOS

O método adotado para este estudo baseia-se numa abordagem científica que inclui pesquisa bibliográfica e inquéritos de campo na Diretion de l'Aménagement du Territoire e na comuna urbana de Diégo-Suarez.

3.2.1 Pesquisa bibliográfica

Esta fase consiste na pesquisa, identificação e análise de documentos relevantes relacionados com o objeto de estudo, através do desenvolvimento de uma estratégia de pesquisa rigorosa. Consultámos recursos disponíveis na biblioteca da universidade e em bases de dados online. A biblioteca da Universidade de Antsiranana (UNA) revelou-se uma fonte preciosa para uma primeira abordagem metodológica mais tradicional.

3.2.2 Inquérito

Foram realizadas entrevistas semi-estruturadas com funcionários da Comuna Urbana de Diégo-Suarez e da Diretion de l'Aménagement du Territoire (ver Anexo 01). Este método qualitativo permite obter informações aprofundadas sobre as práticas e as percepções dos actores envolvidos **(DUPONT, (2022)).**

3.2.3 Recolha de dados

Foi elaborado um questionário estruturado para recolher informações sobre as condições e os procedimentos de acesso às terras públicas e privadas para actividades agrícolas e pecuárias na comuna urbana de Diégo-Suarez. A recolha de dados é uma fase crucial do processo de investigação, garantindo a fiabilidade e a validade dos resultados (**MARTIN, (2021)).**

3.2.4 Processamento de dados

Os dados recolhidos foram introduzidos, organizados e analisados com recurso a software de tratamento e mapeamento de dados, produzindo resultados utilizáveis e relevantes para o estudo. Esta etapa foi efectuada de acordo com as normas metodológicas em vigor **(LEROY, (2020)).**

4. RESULTADOS E DISCUSSÃO

4.1 RESULTADOS

4.1.1 Condições de posse das PDE e das PD em Diégo-Suarez

As condições de concessão de Direitos de Propriedade Estabelecidos (EPR) e de Direitos de Propriedade (PR) em Diégo-Suarez destinam-se a garantir que apenas os requerentes que satisfaçam critérios específicos tenham acesso à terra. Estes critérios têm por objetivo proteger os direitos fundiários e assegurar uma gestão responsável dos recursos fundiários.

Em primeiro lugar, a nacionalidade malgaxe é um pré-requisito fundamental, sublinhando a importância da propriedade da terra para os cidadãos do país. A idade mínima de 18 anos garante que os requerentes são legalmente capazes de celebrar contratos e tomar decisões sobre a propriedade. Além disso, as restrições impostas a pessoas que tenham sido despejadas, colocadas em prisão domiciliária ou condenadas a penas de prisão iguais ou superiores a um ano destinam-se a evitar abusos e a garantir que os requerentes não têm um registo criminal que possa comprometer a sua capacidade de gerir a terra de forma responsável. O artigo 11º, que impõe um período de espera de dez anos, reflecte a vontade de estabilizar a situação fundiária e de encorajar uma utilização sustentável da terra. Este período de espera permite igualmente que as autoridades verifiquem se os requerentes cumprem os requisitos legais e se têm um interesse legítimo na terra objeto do pedido. Pode também servir para dissuadir os especuladores de terras que procuram adquirir terras sem intenção de desenvolver actividades produtivas nas mesmas.

Antes de apresentar um pedido, o requerente deve avaliar a situação do terreno em causa. Esta avaliação é fundamental, pois permite ao requerente conhecer as caraterísticas do terreno, o seu estatuto jurídico e eventuais condicionalismos ambientais ou regulamentares. Um bom conhecimento da situação do terreno pode também ajudar a evitar futuros litígios e garantir que o terreno será utilizado em conformidade com a legislação em vigor.

Por último, a apresentação de um pedido ao Serviço de Património é uma etapa administrativa essencial. Este processo envolve a preparação de documentos de apoio e a apresentação de um dossier completo, que pode incluir planos de desenvolvimento, estudos de impacto ambiental e outras informações relevantes. O Departamento de Propriedades desempenha um papel fundamental na avaliação dos pedidos e na emissão de títulos de propriedade, assegurando que os direitos fundiários são atribuídos de forma justa e transparente.

4.1.1.1Procedimento de propriedade fundiária no município urbano de Diego-Suarez

- **Adesão de uma parcela ECD**

De acordo com o direito fundiário malgaxe, a gestão do domínio privado do Estado é regida pela especificidade dos terrenos, titulados ou não. Os procedimentos de transferência de terras permitem a certas categorias de indivíduos adquirir parcelas de terra, reconhecendo assim os direitos dos ocupantes que desenvolveram pessoalmente o terreno em causa.

As etapas da aquisição do domínio privado do Estado no município urbano de Diégo-Suarez são as seguintes

Quadro 2: Fase de aquisição do domínio privado estatal CUDS

PREPARAÇÃO DE PLANOS DE ETAPAS ADMINISTRATIVAS	
- Plano de localização - Plano regular para terrenos não registados - Plano oficial para terrenos não registados ou registado	- Contacto prévio com o serviço topográfico - Apresentação do pedido acompanhado de um expedição (200 Ar/Ha com um mínimo de de 5000Ar) - Inventário das instalações e acessórios (CEL) - Aconselhamento dos serviços técnicos competentes - Registo ou divisão em nome do Estado malgaxe - Cobrança da prestação estatal - Elaborar o projeto de escritura e enviá-lo para aprovação - Inscrição da escritura no registo predial

❖ **Adesão de terras DP**

Em princípio, os terrenos do domínio público são inalienáveis, impenhoráveis e imprescritíveis. No entanto, certas partes do domínio público podem ser utilizadas para fins privados, mediante um contrato de concessão ou uma autorização de ocupação temporária. Pode também ser emitida uma autorização especial ao requerente, por um período não superior a 30 anos, renovável.

O procedimento de acesso aos terrenos dos PD segue os mesmos passos que os do acesso aos terrenos do Estado, mas com algumas caraterísticas específicas:

- Na fase de reconhecimento, a apresentação de obras públicas é obrigatória. Isto garante que os projectos previstos estão em conformidade com as necessidades de infra-estruturas do município.

- Deve ser elaborada e aprovada pelo Ministro dos Serviços Fundiários uma ordem de ocupação, que formaliza a autorização de ocupação do terreno.
- Em vez de assinar a escritura e o projeto anexo, o requerente deve apresentar uma declaração em que se compromete a respeitar as disposições da ordem. Este facto cria um quadro jurídico e vinculativo para o requerente.

Para as áreas entre 250 ha e 2.500 ha, os pedidos de aquisição devem ser submetidos ao parecer prévio do ministro responsável pela área fundiária. Esta medida permite uma avaliação mais rigorosa dos projectos de aquisição, garantindo que estes respondem às necessidades de desenvolvimento sustentável e de ordenamento do território.

Para áreas superiores a 2.500 hectares, é adotado um procedimento específico. Este procedimento pode incluir estudos de impacto ambiental, consultas públicas e avaliações pormenorizadas das implicações socioeconómicas da aquisição. As etapas a seguir para estas grandes áreas podem incluir :

1. **Preparação de um dossiê completo**: Os candidatos devem fornecer um dossiê pormenorizado, incluindo estudos técnicos, planos de desenvolvimento e justificação económica.
2. **Consulta das partes interessadas**: Podem ser organizadas reuniões com as comunidades e autoridades locais para discutir os potenciais impactos e recolher opiniões.
3. **Avaliação por** peritos: A candidatura será examinada por peritos em ordenamento do território e em ambiente para garantir que o projeto cumpre as normas em vigor.
4. **Aprovação final**: Após a avaliação, o dossier será apresentado para aprovação final ao ministro responsável pelo sector fundiário, que tomará a decisão tendo em conta as recomendações dos peritos e as opiniões das partes interessadas (quadro 3).

Quadro 3: Etapas da aquisição de uma grande parcela de terreno

ETAPES	PIECES A FOURNIR	RESULTATS ATTENDUS	RESPONSABLE
ANALYSE DU PROJET	Dossier de procédure avec son business plan	-Impact socio-économiques du projet (au niveau local, régional et national etc.) -Délai (cycle de culture, ...) -PV de réunion de comité -Décision de comité : positive ou non -S'il le faut soumission du dossier au conseil des Ministres.	-Comité interministériel institué pour chaque projet, par décision du Ministère chargé du foncier. -Représentants des CTD concernées.
Notification du requérant		Poursuite de procédure ou abandon du projet.	Le comité interministériel.
Dépôt de la demande du dossier du terrain	Busines plan, avis favorable du ou des ministères sectoriels concernés, PV du comité interministériels note d'approbation du comité etc.	Récépissé de la demande	-Demandeur -Ministère Chargé du Foncier
Délivrance autorisation de prospection (en deux langues)		Autorisation dont la publicité est à la charge du demandeur	Ministère Chargé du Foncier
Enquêtes administratives		Terrain disponible et quitte de toutes charges	Demandeur, Région, CTD, tous services techniques concernés. (au frais du demandeur)
Remise des résultats de la prospection, des avis des autorités régionales et dossier de demande d'acquisition au VPDAT	Pièces de procédure prévues par la loi n°2008-014 et autres jugés utiles (NIF, RCS, Statuts, etc...)	Accord de principe	-Demandeur -Ministère Chargé du Foncier
Instruction de la demande auprès des services déconcentrés de la situation de l'immeuble	Procédure normale prévue par la loi n°2008-014	Décision de principe acquise, immatriculation de l'immeuble, provision domaniale payée, acte et cahier des charges rédigés	Cirdoma, cirtopo, tous les services techniques concernés
-Approbation du projet d'acte -Enregistrement de l'acte	-Dossier complet -Projet d'acte dument approuvé	-Acte approuvé -Acte enregistré	-Ministère Chargé du Foncier -Centre fiscal, Demandeur
Ampliation conforme de l'acte inscription de droit au bail	Dossier complet	Droit au bail publié	-Circonscription Domaniale et foncière -Demandeur

Certos actos devem ser objeto de consulta junto de vários organismos, certos pedidos ou decisões devem ser formulados com base num modelo prescrito e, em certos domínios, são necessários inquéritos para melhor informar as autoridades (urbanismo, licenças ambientais). A autoridade deve ter em conta as queixas apresentadas durante estes inquéritos. Certas disposições legais exigem pareceres, ou mesmo pareceres favoráveis. Em certos casos, é necessário elaborar um relatório de avaliação do impacto do projeto no que se refere aos projectos de lei e de decreto-lei a debater em Conselho de Ministros sobre os efeitos potenciais de qualquer projeto de regulamento... sobre a economia, o ambiente, os aspectos sociais e as administrações.

❖ **Documentos necessários**

O procedimento de aquisição de terrenos em Diégo-Suarez exige a apresentação de um conjunto de documentos específicos, cada um dos quais desempenha um papel crucial na apreciação e validação do pedido. Estes documentos têm por objetivo garantir a transparência, a legalidade e a conformidade dos pedidos de aquisição, protegendo simultaneamente os direitos das partes envolvidas.

-Plano com referência obrigatória ao estudo preliminar: Este documento é essencial para determinar a localização exacta do terreno em questão. Permite às autoridades avaliar a localização geográfica e as caraterísticas do terreno, facilitando assim o processo de exame.

-Plano oficial para terrenos registados ou cadastrados: para terrenos já registados, este plano oficial é necessário para confirmar o estatuto jurídico do terreno e garantir que não existem litígios pendentes sobre a propriedade.

-Plano regular elaborado de acordo com as normas do serviço de topografia: este plano, elaborado por um agrimensor ajuramentado, deve ser acompanhado de um relatório (PV) que descreva os limites. Esta medida garante a definição clara das dimensões e dos limites do terreno, minimizando o risco de futuros conflitos com outros proprietários.

Certificado de não urbanização emitido pelo chefe da Fokontany: Este documento certifica que o terreno não está atualmente a ser cultivado ou urbanizado, o que é crucial para determinar a possibilidade de aquisição. Garante igualmente que o terreno está disponível para novos projectos.

-CSJ (Certificado de Situação Jurídica): Se o terreno estiver registado e cadastrado, este certificado é necessário para confirmar a situação jurídica do terreno e garantir a inexistência de ónus ou restrições que possam afetar a aquisição.

- Pedido em formulários fornecidos pela administração: A apresentação de um pedido em duplicado, devidamente preenchido, é uma exigência administrativa normal que permite conservar um registo oficial do pedido. -Fotocópia autenticada do Bilhete de Identidade Nacional (CIN): Este documento é necessário para verificar a identidade do requerente e assegurar que este preenche os requisitos legais para requerer uma compra.

-Procuração devidamente legalizada: Se o pedido for apresentado por uma pessoa que actua em nome de outra, é necessária uma procuração legal para garantir que o representante tem a autorização necessária para agir em nome do requerente.

-Despacho de tutela ou carta de compromisso do tutor legal para os menores: para os menores, é imperativo incluir documentos legais que atestem que o tutor tem o direito de gerir os assuntos fundiários em nome da criança.

-Documentos para as empresas: As empresas devem apresentar os seus estatutos, um extrato do registo comercial e um mandato do representante legal. Este documento verifica a legitimidade da empresa e garante que a pessoa que apresenta o pedido tem a autoridade necessária para o fazer.

Deliberação do órgão de decisão para os pedidos apresentados pelas autarquias locais: Este documento é necessário para comprovar que o pedido foi aprovado pelo órgão competente da autarquia local, garantindo assim que a aquisição está em conformidade com as decisões locais.

-Projeto de investimento para parcelas de terreno superiores a 10 ha: Para os pedidos relativos a grandes parcelas de terreno, é necessário um projeto de investimento pormenorizado. Este projeto deve demonstrar a forma como o terreno será utilizado e os benefícios que trará para a comunidade, o que é essencial para justificar a aquisição de grandes parcelas de terreno.

-Em suma, o rigor na preparação e apresentação destes documentos é essencial para garantir o sucesso da aquisição de terras. Cada documento desempenha um papel fundamental no processo de avaliação, assegurando que os direitos dos requerentes são respeitados e protegendo simultaneamente os interesses do Estado e da comunidade. Esta abordagem sistemática contribui para uma gestão mais transparente e responsável da terra, promovendo assim o desenvolvimento sustentável em Diégo-Suarez.

- **Papel do município**

Assistir à demarcação, ao inventário dos equipamentos e às operações de demarcação.

4.1.1.2 Guia de Acesso e Regulamentação das Actividades Mineiras

- **Presença de recursos naturais**

A- Acesso à terra: perímetro mineiro

A propriedade do terreno está ligada à posse de uma licença de exploração mineira, nos termos da Lei 99-022 de 19 de agosto de 1999, alterada pela Lei 2005-021 de 17 de outubro de 2005.

Perímetro mineiro: é definido como um quadrado ou conjunto de vários quadrados contíguos, unidos pelos lados, que é objeto de uma autorização de exploração mineira ou de um pedido de autorização de exploração mineira.

O titular da licença de exploração mineira é obrigado a informar o proprietário do terreno do seu direito de ocupar a parte da propriedade abrangida pela licença de exploração mineira e a celebrar um contrato de arrendamento que especifique os respectivos direitos e obrigações. Na ausência de um contrato de arrendamento, o titular da licença pode ser obrigado a pagar uma indemnização ao , podendo a questão ser submetida aos tribunais civis em caso de desacordo.

A. Procedimento e documentos necessários para requerer uma licença de exploração mineira

- ✓ **Procedimento**

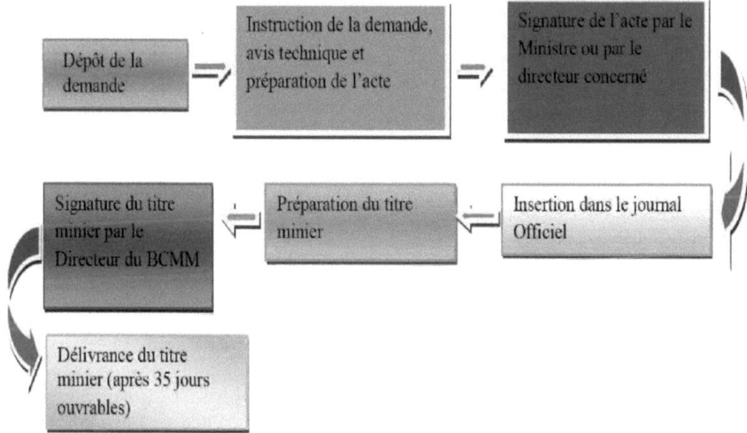

- ✓ Documentos a fornecer

Os documentos necessários para requerer uma licença de exploração mineira incluem:

- Três (03) fotografias tipo passe
- Formulário de candidatura devidamente preenchido e assinado
- AERP, se aplicável
- Plano normalizado legalizado
- Carta de compromisso para PEE e EIE
- Mapa de localização e mapa de localização
- Procuração
- Boletim n.º 3 (com menos de 3 meses)
- Cópia autenticada do NIF e do certificado de residência (com menos de 3 meses)
- Cópia autenticada da carteira profissional que comprova a atividade mineira

do ano em curso

- Cópia autenticada do certificado do registo comercial
- Cópia autenticada da situação fiscal
- Cópia autenticada dos estatutos da empresa

B- Alojamento

✓ **Verificação do estado do terreno e declaração de obras**

Deve certificar-se de que o terreno é adequado para a construção e que está em conformidade com a regulamentação local (PLU - Plan Local d'Urbanisme), e verificar a existência de servidões, direitos de passagem e outras restrições. Para pequenas obras, pode ser suficiente uma declaração prévia.

✓ **Obter um PC e os documentos necessários**

-Obter

Para construir legalmente em Diégo Suárez, é necessário solicitar uma licença de planeamento à Câmara Municipal ou à autoridade competente, juntamente com os planos de construção e de disposição. Esta autorização baseia-se num anteprojeto e requer uma série de etapas que podem demorar várias semanas ou mesmo meses, embora a Câmara Municipal se comprometa a aprovar os pedidos no prazo de um mês. Uma vez concedida a autorização de planeamento, as obras devem ser concluídas no prazo de um ano.

-Documentos necessários

Os documentos necessários para os pedidos de autorização de planeamento incluem: Alinhamento

- 5 planos topográficos
- 3 plantas da casa a construir
- 3 planos de disposição
- 1 certificado legal com menos de 3 meses
- 1 pedido manuscrito à Câmara Municipal e ao chefe de Fokontany

Todos estes documentos devem ser guardados juntos numa pasta de cartão. Dependendo da Fokontany, o coletor deve normalmente fornecer um recibo numerado. Os dois últimos algarismos do número indicam o ano em que o pedido foi apresentado.

Existem 2 tipos de PC:

- **Certidão de informação**: indica os regulamentos de planeamento para um determinado terreno

- **Certificado profissional**: fornece informações sobre a viabilidade de um projeto

Os prazos são de 2 meses para a autorização de planeamento de uma casa unifamiliar e de 3 meses para outros tipos de projectos.

✓ **Cumprimento das normas de construção, ligação às redes, seguros**

É necessário solicitar as licenças necessárias (água, eletricidade, etc.) e garantir que o edifício cumpre as normas de segurança, acessibilidade e ambiente. O proprietário deve pagar o imposto predial, informar a câmara municipal sobre a ocupação do terreno e, se necessário, registar a residência, estando atento aos regulamentos de propriedade ou às regras específicas do bairro.

4.1.2. Condições de acesso às terras do Estado para actividades agro-ecológicas

❖ **Situação atual da utilização dos solos**

No CUDS, a agricultura e a pecuária desempenham um papel central na utilização dos solos. Em termos de contribuição para a economia de Diégo Suarez, a pecuária é dominante. Embora a pecuária esteja presente, não atingiu o mesmo nível de desenvolvimento que a agricultura no CUDS.

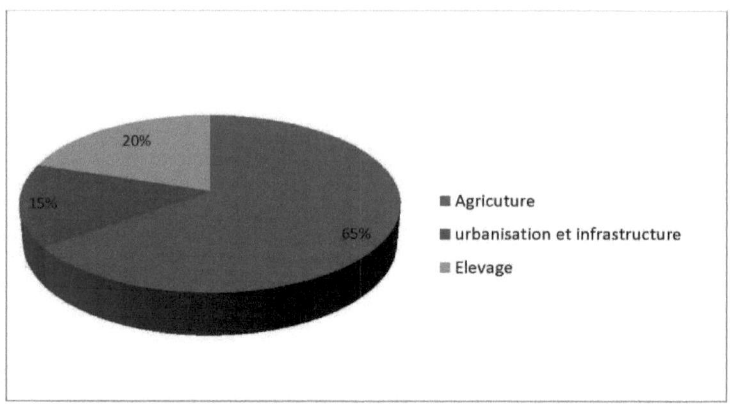

Figura 3: Percentagem de utilização dos solos em Diégo-Suarez

No CUDS, a urbanização ocupa uma parte significativa do território. As zonas urbanas, industriais e comerciais, nomeadamente em torno do porto e do aeroporto, ocupam cada vez mais os solos disponíveis, cerca de 15%. Diégo-Suarez é favorável à agricultura, nomeadamente às culturas de cana-de-açúcar, arroz, legumes, frutas e espécies, cerca de 65%. A pecuária continua a ser um sector mais modesto em relação à agricultura. A criação de gado (principalmente zebus e cabras) é também uma atividade, mas ocupa geralmente uma parte das terras inferior à da agricultura, cerca de 20%.

❖ **Passos administrativos a seguir e documentos a fornecer para a pecuária e a agricultura**

A utilização de terrenos em Diégo-Suarez exige o cumprimento de determinadas formalidades administrativas e regulamentares, como se pode ver no quadro seguinte:

Quadro *4*: Etapas administrativas de uma atividade agro-ecológica

PROCEDURES A SUIVRE	PIECES A FOURNIR	LIVRABLES
Demande d'autorisation d'installation auprès de la Direction Régionale en charge de l'Elevage et de l'agriculture	- Autorisation du Fokontany et/ou de la commune - Accord des riverains - Renseignement concernant l'éleveur, activité envisagée, emplacement et ma taille de l'exploitation	Autorisation d'installation,
Demande de numéro d'identification de l'exploitation et carte d'éleveur ou carte de production auprès de la Direction Régionale en charge de l'Elevage et de l'agriculture	- Renseignement concernant l'éleveur et ses activités - Autorisation d'installation	Carte éleveur Carte de production
Demande d'autorisation d'implantation auprès de la commune	- Statut juridique - Plan d'implantation - Situation juridique ou contrat de location - Fiche de projet spécifiant les activités	Autorisation d'implantation délivrée par la commune
Demande de permis environnementale auprès de l'ONE (Office Nationale de l'Environnement)	- Fiche tri remplie - Autorisation d'implantation délivrée par commune - Documents du projet avec facture préforma de la liste des investissements des matériel et équipement - Plan d'aménagement approuvé par le service de l'environnement	Permis environnementale délivrée par ONE avec cahier de charge ou Autorisation environnementale délivrée par la Ministre en charge de l'Elevage et de l'agriculture avec cahier de charge ou certificat de conformité délivrée par ONE avec cahier de charge
Demande d'autorisation d'installation adressée auprès de la Direction technique	- Autorisation d'implantation - Statut juridique - Plan d'aménagement - Situation juridique - Documents descriptif du projet - NIF STAT - Permis environnementale - Avis favorable de l'entité en charge de l'amélioration génétique en cas d'espèces ou race nouvellement introduite - Quittance des paiements des droits au compte du fonds de l'élevage	Plan d'aménagement approuvé par le service environnemental Autorisation d'installation standard délivrée par la Direction technique
Installation proprement dites		Rapport de visite
Demande d'autorisation d'exploitation adressée à la Direction technique	- Autorisation d'installation - Document de projet avec plan d'aménagement et compte d'exploitation prévisionnel y compris listes des investissements en matériel et équipement	Autorisation d'exploitation standard délivrée par la Direction technique
Exploitation		Rapport de suivi
Demande d'agrément	- Autorisation d'exploitation - Documents de l'exploitation : -Production -Sanitaire : programme de surveillance zoo sanitaire, mouvement des animaux, mise en place de la biosécurité -Agrément sanitaire délivré par des services vétérinaires	Agrément délivré par la direction technique à la demande de l'exploitant

Para criar uma unidade de produção, um pedido deve ser aprovado pela Fokontany/Commune e pelos habitantes locais. O pedido é então submetido à DRE para obter um número de identificação, um cartão de produção e um criador. Após uma avaliação favorável do EIA ou do PREE, a ONE ou o MEA emitem o PE ou AE com as especificações. Para as unidades existentes, um certificado de conformidade substitui o AE. Em caso de diversificação ou ampliação, é necessário um novo pedido de licenciamento e, em caso de cessação da atividade, é necessário um auto de descarga ambiental. Os técnicos efectuam uma visita ao local para verificar a conformidade antes de aprovarem o plano, sendo depois efectuado o pagamento da taxa de instalação ao Fonds de l'Elevage. É necessária uma segunda visita de inspeção antes da emissão da licença de exploração.

4.2. DISCUSSÃO

4.2.1. Procedimentos complexos de acesso à terra

O acesso à terra em Madagáscar, e mais especificamente na comuna urbana de Diégo-Suarez, é marcado por uma complexidade administrativa que pode desencorajar muitos candidatos. Os procedimentos de aquisição variam consideravelmente consoante se trate de terrenos do Estado ou privados, e cada tipo de terreno impõe requisitos específicos. As leis fundiárias malgaxes, embora destinadas a regular o acesso à terra, são muitas vezes vistas como um labirinto burocrático.

Os procedimentos administrativos necessários, como o pedido de licença de instalação, a obtenção de um número de identificação da exploração agrícola e o pedido de licença ambiental, são muitas vezes longos e fastidiosos. ANDRIAMANANTENA (2O18) salienta que a falta de transparência e de coordenação entre os diferentes serviços públicos dificulta ainda mais o acesso à terra. Os cidadãos são muitas vezes confrontados com longos tempos de espera e exigências administrativas que parecem inacessíveis, o que pode criar um sentimento de frustração e de injustiça.

Além disso, a lentidão dos processos de decisão, como refere RANDRIAMAMONJY (2020), constitui um travão ao desenvolvimento económico local. Os potenciais empresários e agricultores são assim dissuadidos de se comprometerem com projectos de investimento, o que é prejudicial para o crescimento económico da região. A complexidade dos procedimentos de acesso às terras, associada à falta de clareza da regulamentação, constitui um obstáculo importante à iniciativa individual e à inovação no sector agrícola e agro-ecológico.

4.2.2. Acesso desigual e questões de desenvolvimento

As desigualdades no acesso à terra em Madagáscar, particularmente em Diégo-Suarez, levantam preocupações importantes sobre a justiça social e o desenvolvimento sustentável. RAVONINJATO (2019) destaca o impacto da legislação fundiária na população rural, onde a urbanização crescente compete com as necessidades agrícolas. Embora a legislação atual vise proteger os direitos dos cidadãos, as desigualdades persistem, exacerbadas por procedimentos e requisitos administrativos complexos que nem sempre têm em conta as realidades locais.

As populações vulneráveis, em especial os pequenos agricultores e os jovens empresários, são frequentemente os mais afectados por estas desigualdades. O acesso à terra, que é um fator essencial para o desenvolvimento económico e a segurança alimentar, continua a ser limitado para aqueles que não dispõem dos recursos ou dos conhecimentos necessários para navegar no sistema administrativo. Esta situação cria um círculo vicioso em que os mais desfavorecidos são excluídos das oportunidades de desenvolvimento, reforçando as disparidades económicas e sociais.

Para remediar esta situação, são necessárias reformas para melhorar a transparência e a eficácia dos procedimentos administrativos. Tal poderia incluir a simplificação dos procedimentos de aquisição, a criação de mecanismos de apoio às populações vulneráveis e a promoção de uma melhor coordenação entre os vários serviços públicos. Ao promover um acesso equitativo à terra, Madagáscar poderá não só impulsionar o seu desenvolvimento económico, mas também reforçar a coesão social e a resiliência das comunidades face aos desafios ambientais e económicos.

5. CONCLUSÃO E RECOMENDAÇÕES

O acesso à terra no município urbano de Diégo-Suarez, nomeadamente para as actividades agrícolas e pecuárias, é um processo complexo. Envolve numerosos procedimentos administrativos e requisitos legais destinados a regular a utilização dos solos, assegurando simultaneamente o cumprimento das normas ambientais, sociais e económicas. Estes procedimentos, embora adaptados ao contexto local, seguem frequentemente diretrizes comuns a muitos países.

Os agricultores devem respeitar uma série de regulamentações, quer trabalhem em terras do domínio privado do Estado ou noutros tipos de propriedade. Os procedimentos administrativos exigem a apresentação de uma série de documentos comprovativos, como licenças de exploração mineira, autorizações de construção ou estudos de impacto ambiental. O acesso às terras depende também da elegibilidade dos operadores, que devem provar as suas qualificações e a sua capacidade de respeitar as regras de gestão sustentável dos recursos naturais. Para melhorar a gestão dos solos em Diégo-Suarez :

- **Simplificar os procedimentos administrativos**: reduzir os prazos e as formalidades, nomeadamente para as grandes superfícies.
- **Reforçar a transparência**: Criar uma plataforma centralizada para os pedidos de terrenos e licenças de exploração mineira.
- **Incentivar a sustentabilidade**: Exigir avaliações ambientais rigorosas para os projectos agrícolas e mineiros.
- **Formar os actores locais**: sensibilizar os candidatos e as autoridades locais para as questões fundiárias e ambientais.
- **Promoção da agricultura sustentável**: adaptação dos procedimentos administrativos aos projectos agro-ecológicos.

Estas medidas têm por objetivo tornar o acesso à terra mais equitativo, garantir o respeito das normas ambientais e promover um desenvolvimento harmonioso e sustentável.

6. REFERÊNCIAS BIBLIOGRÁFICAS

-AMBINIAINA, H.J., 2016. PROMOTION DE L'ASSAINISSEMENT ET DE LA GESTION DE L'ENVIRONNEMENT URBAIN "CAS DANS LA COMMUNE URBAINE ANTSIRANANA", página: 47. Dissertação para o Mestrado em Engenharia em Ciências e Técnicas da Água (M.I.S.T.E).

-ANDRIAMANANTENA (2018), LE FONCIERA MADAGASCAR, Página: 511, 56.

-BOTRA, S., 2023. AGRICULTURA DURÁVEL E A SEGURANÇA ALIMENTAR NA COMUNIDADE URBANA DE DIEGO-SUAREZ ; Universidade de Antsiranana, página : 30.

-DUPONT, J. (2022). *Méthodes d'enquête qualitative en sciences sociales.* Paris: Éditions de la Recherche.

-EDDY, R., 2018. ACQUISITION DE TERRAINS DU DOMAINE DE L'ETAT PAR LES ETRANERS, página: 37. Dissertação com vista à obtenção do grau de Mestre em Direito.

-FAO (Organização das Nações Unidas para a Alimentação e a Agricultura), 2022. Land Tenure and Rural Development, Estudos da FAO sobre a posse da terra 3.

-FAO e TECA, 2015. Manual de formação para a agricultura biológica.

-HERINIAINA, R., 2022. Marché foncier et accès à la terre des migrant : une analyse institutionnelle dans une commune rurale à Madagascar, página : 8.

LEROY, S. (2020). *Analyse des données : Méthodes et outils.* Marselha: Éditions Scientifiques.

-MALALA, (2014). La pertinence du nouveau système de droit foncier de Madagascar (la réforme foncière de 2005) thesis; Paris 1.

-MANUEL PROCEDURES EN ELEVAGE, 2016, página: 4-14.

-MARTIN, L. (2021). *Techniques de collecte de données en recherche appliquée.* Lyon: Presses Universitaires de Lyon.

-MERLET, 2018. Notas C2A Agricultura e alimentação em questão, página : 2.
-MINOHERILALA, L.F.S., 2018. BORNAGE DE MORCELLEMENT D'UN TERRAIN SIS A AMBODISAHA DANS LA COMMUNE URBAINE AMBOHIDRATRIMO, page : 8-9. Dissertação final do curso de bacharelato em ciência e tecnologia da informação geográfica e territorial.

-NELLY, R., RALAMBONDRAINY. Primeiro Presidente Honorário do Supremo Tribunal de Justiça de Madagáscar. ACCES A LA PROPRIETE FONCIERE A MADAGASCAR, página: 20,43.

-PERRINE, B., 2022. Marché fonciers et accès à la terre des migrants : dans l'Ouest de Madagascar : opportunités et contraintes. Economie Rurale (381): 79-93.

-RALANTORATIARAY, 1989. ACCES A LA TERRE EN DROIT RURAL MALGACHE, maitre de conférences à Madagascar, Directeur du centre d'Etudes Rurales, page : 38(3).

-RAMARISON, T.N., 2022. ETUDES HYDROGEOLOGIQUES DE LA REGION DIANA, Mémoire de fin d'étude en vue d'obtention du diplôme de licence en ingénierie pétrolière, page: 21.

-RANDRIAMAMONJY, 2020. O sistema financeiro malgache: desafios e perspetivas, página 112.

-RAVONINJATOVO, 2019. A posse da terra e a agricultura em Madagáscar: problemas e soluções, página 78.

-SEGALEN, P., 1956. Pédologie de Diégo-Suarez, página: 269-270.

-TANDRA, N.E., 2016. L'EXECUTION DE LA PROCEDURE DE PAIE DU PERSONNEL AU SEIN DE LA COMMUNE URBAINE DE DIEGO-SUAREZ, página: 3. Dissertação final para o Diploma de Técnico Superior em Administração de Empresas.

7. WEBOGRAFIA

http://www.Sandrinal3fle.Wordpress.com/2017/12/02/nord/. Acedido em 09 outubro de 2024

http://www.fr.Wikipedia.orgg/Wiki/Antsiranana. Recuperado em 01 de outubro de 2024 http://www.fr.climate-data.org/afrique/Madagascar/diégo-suarez/diego-suarez-3099/Consultado em 06 de outubro de 2024

https://www.climatsetvoyages.com. Acedido em 07 de outubro de 2024

www.observation.foncier.com. Recuperado em 14 de novembro de 2024

www.Droit.Afrique.com. Acedido em 18 de novembro de 2024

8. APÊNDICE 01: Formulário de inquérito

Tipo de inquérito entrevista individual

Quais são os procedimentos administrativos para a titulação dos terrenos do Estado?

De que documentos necessito para solicitar o acesso a um terreno?

Onde posso apresentar um pedido de acesso a um terreno?

Qual é a situação dos terrenos em Diégo-Suarez?

Quem toma a decisão de autorizar a utilização do terreno?

Quem assina o contrato?

Quais são as condições de acesso ao terreno?

Quais são os requisitos para uma empresa agro-ecológica?

Quais são os procedimentos relativos à criação de gado e à agricultura?

Quem emite um título de propriedade?

De que documentos necessito para viver num terreno?

De que documentos necessito para pedir uma autorização?

Que percentagem da área urbana do município de Diégo-Suarez é consagrada à pecuária e à agricultura?

Qual é a percentagem de terra utilizada no município urbano de Diégo-Suarez?

Onde é que nos dirigimos para pedir licenças de exploração mineira, ambientais e de construção?

Printed by Books on Demand GmbH, Norderstedt / Germany